（法）纳奥米·黛丝克莱布 （法）希尔薇·黛丝克莱布 著

曹雅歌 译

蒙台梭利科学启蒙书 | 文字的故事

四川科学技术出版社

图书在版编目（CIP）数据

文字的故事 / (法)纳奥米·黛丝克莱布,(法)希
尔薇·黛丝克莱布著;曹雅歌译. -- 成都:四川科学
技术出版社,2020.1
（蒙台梭利科学启蒙书）
ISBN 978-7-5364-9600-2

Ⅰ.①文… Ⅱ.①纳…②希…③曹… Ⅲ.①古文字
—少儿读物 Ⅳ.①H028-49

中国版本图书馆CIP数据核字（2019）第283900号

著作权合同登记图进字21-2019-572号

文字的故事
WENZI DE GUSHI

著　　者　(法)纳奥米·黛丝克莱布　(法)希尔薇·黛丝克莱布
出 品 人　钱丹凝
策划编辑　村　上　高　润
责任编辑　王双叶　牛小红
装帧设计　胡椒书衣
责任出版　欧晓春
出版发行　四川科学技术出版社
　　　　　成都市槐树街2号　邮政编码：610031
　　　　　官方微博：http://e.weibo.com/sckjcbs
　　　　　官方微信公众号：sckjcbs
　　　　　传真：028-87734039
成品尺寸　170mm×220mm
印　　张　4　字数　80千
印　　刷　唐山富达印务有限公司
版　　次　2020年4月第1版
印　　次　2020年4月第1次印刷
定　　价　150.00元
ISBN 978-7-5364-9600-2
邮购：四川省成都市槐树街2号　邮政编码：610031
电话：028-87734035
■ 版权所有　翻印必究 ■

　　玛丽亚·蒙台梭利认为，六岁以前的孩子的最大需求在于通过实践的、感官的、具体的活动来认知真实世界。这其中的关键，在于引导孩子将他们心中那个极为丰富的想象世界与他们需要一点点掌握规律的现实世界区分开来。

　　另外，从六岁开始，孩子具备了利用想象力将自身投射在较远的时间与空间中的能力：无论是群星，最初的人类，史前动物，还是宇宙的诞生……

　　也是在这个年龄段，孩子们开始提出那些最本质的疑问：世界是从哪里来的？人类是从哪里来的？为什么人类会在地球上？我为什么会在地球上？为这些存在找到答案，成为他们关注的核心。

　　鉴于此，我们决定通过一套五本原创连续读物将孩子们引入知识的世界，它们包括了对宇宙、对生命、对人类起源和文化起源的介绍，架构清晰且引人入胜。

　　通过这五本科学读物，您的孩子不仅能得到这些问题的答案，还将建立他在历史和自身角色认知方面的信心，并为他日后的知识学习和心理发展打下良好的基础。

　　玛丽亚·蒙台梭利教育方法的优势和独特性，在于将世界的起源以故事的形式娓娓道来，这些故事既有趣，又充满启发性和建设性。我们因此请您像讲故事一样大声读出这些故事，并且要告知孩子"这些故事都是真的"。为了让孩子更喜欢这些故事，您完全可以像读其他故事那样加重语气，用一种特别迷人或神秘的叙述腔调，尽可能丰富讲述的表演感（例如调暗灯光），带领孩子惊叹着进入这神奇的知识世界，让这些内容在他们心目中留下深刻印象。因此在您为孩子高声讲出这些故事以前，最好自己先读一遍，以熟悉其中的内容。

这套书并不能算作孩子科学学习的第一步，而更应该被视为他们对科学兴趣的初次唤醒。书中所涉及的互动游戏将不会影响您给孩子讲故事的进程，并且可以在孩子听完故事后一起实践。总之，这套书会在您孩子的书架上陪伴他很久，值得一读再读。

在这第四本科学启蒙书中，您的孩子将认识到文字的起源：从上古时期的岩画到古腾堡印刷，其间通过苏美尔人的楔形文字、古埃及象形文字、中国的表意文字、最早的腓尼基字母等等，了解文字的演进、创造性的发展史和人类智慧。人类最初的书写痕迹主要用于清点记数和算数，此后，文字很快发展为用于记述法律和事件的工具，并且可以超越时间、空间，传递传统，统一文化，讲述共同的故事。

书中所涉及的信息就科学性而言都是正确的，从认知语境的角度出发，我们刻意避免了对细节的过分深入，以防孩子天然的好奇心被过剩的信息耗尽。

在阅读这本书的过程中，孩子们将会想更加深入地了解本书的主题，他们将学会尊重人类的过往、祖先、历史成就和天地间的伟大法则。一个了解了环绕在他周边世界的人，将不再会对世界怀有恐惧。

玛丽亚·蒙台梭利这位曾三次获得诺贝尔和平奖提名的女士一直深信，那些在孩童时期具有创造力、能够自由思考的人，长大成人后将会成为地球上善意的一员，令世界变得和平而美好。

贯穿本书，您将会发现这个符号 🧪，这是一些能够帮助您加深故事效果的互动内容，它将使书中的信息更为准确也更加易懂，有助于孩子们理解。

如果您希望与您的孩子完成互动内容，您需要提前进行准备，并将相关道具事先藏起来（例如藏在毯子下面），到互动环节再拿出来。

注意：大部分互动内容都很容易实现，但您依然需要全程在场以防任何可能的意外发生。

纳奥米·黛丝克莱布

太阳

 脚

 鸟

 山

 水

 星星

 心

 树

 面包

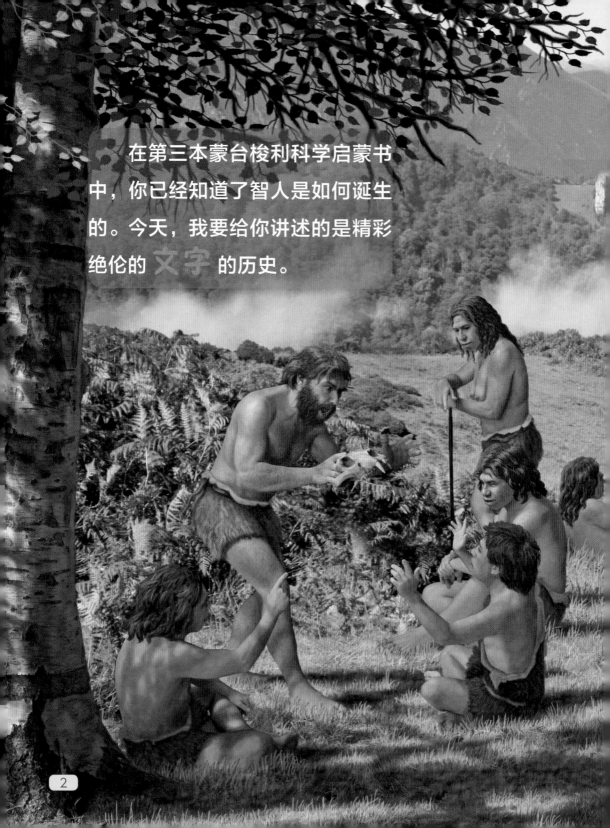

在第三本蒙台梭利科学启蒙书中，你已经知道了智人是如何诞生的。今天，我要给你讲述的是精彩绝伦的 文字 的历史。

最初的人类只靠动作 和 声音交流，文字在那时尚不存在。

N°1

3

人们用 **岩画** 来记述他们的日常生活。他们绘制动物，绘制狩猎的场景，留下他们自己的手印……这些岩画在很多洞穴中被很好地保存了下来，今天的你也有机会看到。

但绘画总不如词语来得精确。比如，一幅野牛的岩画，既可以表示"我看到一头野牛""小心野牛"，也可以表示"我饿了，哪儿有野牛"。

 N°2

　　最初的文字诞生在位于底格里斯河和幼发拉底河之间的**美索不达米亚**。在这里生活的**苏美尔人**与周围邻邦买卖交易频繁。为了更好地保留交易记录，苏美尔人发明了文字。他们在黏土板上刻下许多像小钉子一样的符号，我们称这种文字为"**楔形文字**"，因为它们的"形状如同楔子"。

N°3

每一个词都由一个不同的符号表示，总共有超过**1 000个词**！想象一下，能记住全部这些词是一件多么复杂的事。

苏美尔人不仅发明了世界上最早的文字，也创作了人类历史上第一部文学经典——《吉尔伽美什史诗》。

 N°4

在这张图中，你能看到**吉尔伽美什**和他的朋友**恩奇**都正在与女神伊丝塔派来的"**天之公牛**"作殊死搏斗。

9

在距离美索不达米亚平原不远的尼罗河沿岸，**古埃及人**也创造了一套同苏美尔人类似的文字系统，只是他们所使用的符号不同。这些符号我们现在称为"*象形文字*"。

你见过这些符号吗？它们看起来像是一幅一幅的小图画，每幅图画代表一个不同的词。

古埃及象形文字可以从左往右读，也可以从右往左读，甚至从上往下读。只要通过画面中人物或动物的脸的朝向，就可判断阅读方向：我们需要逆着他们脸的朝向来读，令读出的内容迎向他们。

13

古埃及人最先在石头或黏土上书写，我们在尼罗河沿岸发现了大量相关的遗迹和文物。后来，古埃及人找到了一种叫纸莎草的植物，制造出了"莎草纸"用于书写。这种纸分量更轻，也比黏土板更易于携带、运输，同时也令古埃及人的书写速度更快，书写内容更长。

N°5

（1）四足动物，例如狮子、公牛、公羊。

（2）鸟类，例如猫头鹰、紫鹭、白鹮。

（3）鱼类，例如鲷鱼、 oxyrynchus（一种古

埃及的鱼）。

你想学习破译古埃及象形文字吗？多亏了一位法国学者让－弗朗索瓦·商博良，我们现在可以做到了。拿破仑军队发现的罗塞塔石碑上用不同语言记述着同一内容。通过对比希腊文和古埃及象形文字的内容，让－弗朗索瓦·商博良得以破译出古埃及象形文字的用法。

后来，在世界不同地方的不同人都开始了对文字的创造和使用。文字的痕迹出现在了希腊南部的克里特岛、巴基斯坦和中美洲，以及奥尔梅克文明中。**玛雅人** 继承了奥尔梅克文明并发明了**历法**，如右图所示。

在中国，根据神话传说，文字是由 仓颉 创造出来的。他从天地自然、草木动物中获得灵感，创造了很多不同的文字！

 N°7

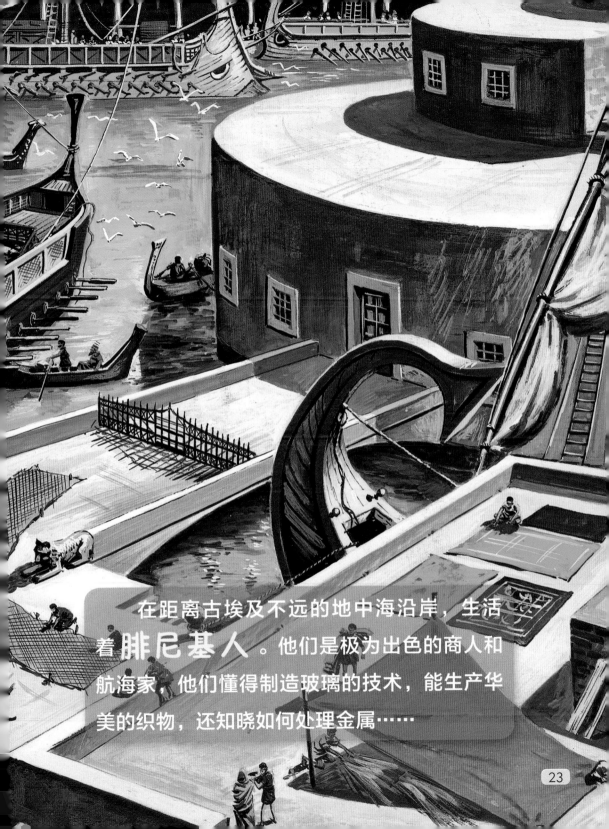

在距离古埃及不远的地中海沿岸，生活着**腓尼基人**。他们是极为出色的商人和航海家，他们懂得制造玻璃的技术，能生产华美的织物，还知晓如何处理金属……

腓尼基人完成了人类文明史上的一次变革：他们首次将符号与词语、发音联系了起来。他们的文字只包含**22个符号**，只有辅音，没有元音。而就是这些字母，竟能够组成他们语言中的所有词汇。第一个字母形似公牛头颅，念作"aleph"（阿尔夫），第二个字母像一栋房子，念作"beith"（贝茨）。这两个字母相组合，就成了英法语中"**字母表**"（alphabet）一词的源头。腓尼基人也是字母表的发明者。

𐤀
𐤁
𐤂
𐤃
𐤄
𐤅
𐤆
𐤇

𐤈
𐤉
𐤊
𐤋
𐤌
𐤍
𐤎
𐤏

𐤐
𐤑
𐤒
𐤓
𐤔
𐤕

古希腊人与腓尼基人有许多贸易往来。他们觉得腓尼基人所创造的新字母非常实用，并且决定将它引入自己的语言中来。他们的字母看起来不再像动物或其他物品，字形变得更加简单。古希腊人将他们所不需要的若干辅音字母转化成元音字母。希腊字母的首字母"Alpha（阿尔法）"和第二个字母"Beta（贝塔）"皆源自腓尼基字母。右侧为希腊字母表。

A	I	P
B	K	Σ
Γ	Λ	T
Δ	M	R
E	N	Φ
Z	Ξ	X
H	O	Ψ
Θ	Π	Ω

希腊字母很快在世界范围内传播开来，亚历山大大帝的四处征讨更扩大了其传播范围。拉丁字母源自希腊字母，在**拉丁字母**中，许多字母进一步改了名字，例如"alpha"变成了字母"a"。右侧为拉丁字母表。

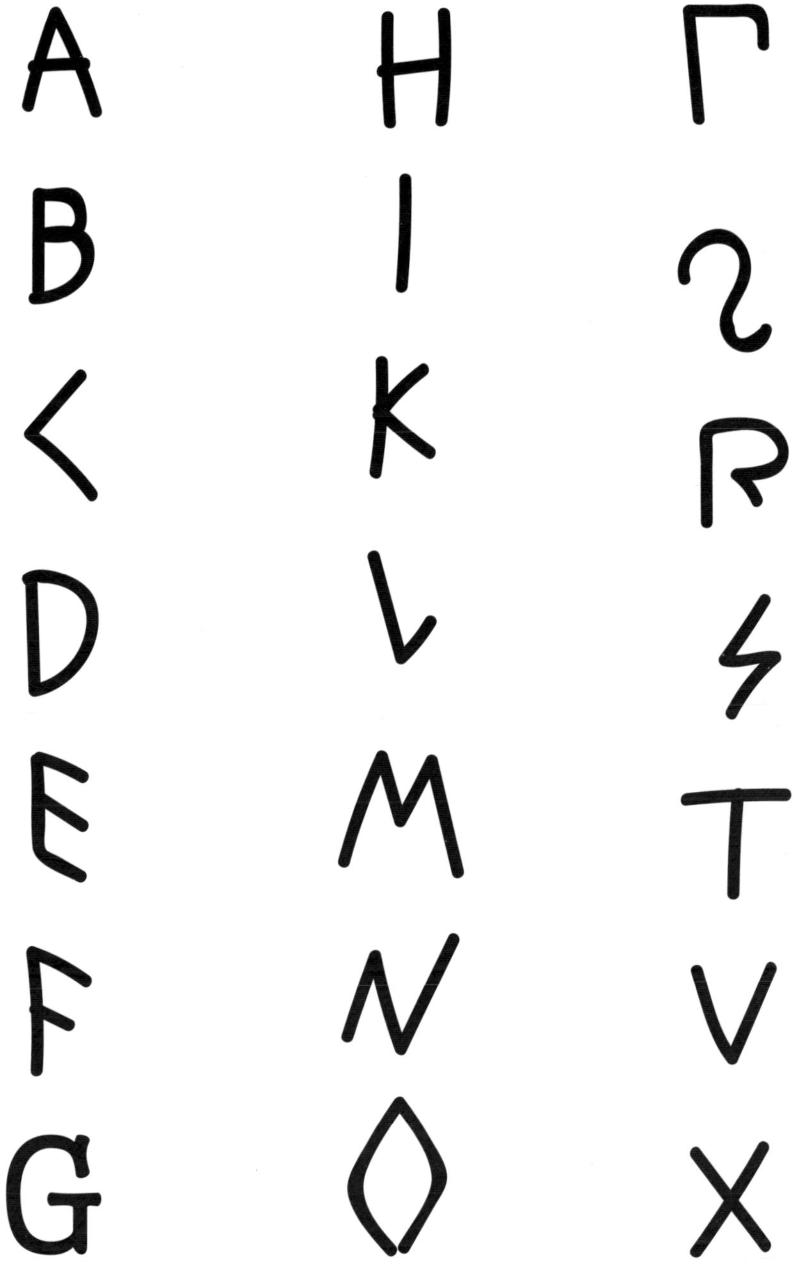

A

B

<

D

E

F

G

H

I

K

L

M

N

◊

Γ

?

R

ξ

T

V

X

大约2000年前，**古罗马**成为一个非常强大的帝国，它的疆域逐渐扩大到整个地中海沿岸。古罗马帝国的官方语言——**拉丁语**，也因此快速传遍了欧洲。得益于此，整个帝国广袤疆土内的不同人开始学习同一字母表的读写，并将**同一套字母**运用在各自的语言中。这就是如法语、葡萄牙语、意大利语和西班牙语中都在使用同一套字母的原因。

但也有一些人以不同于古罗马人的方式改进了希腊字母，例如，在1 000多年前左右出现的 **阿拉伯字母** 和 **西里尔字母**，后者在斯拉夫国家通用。如今世界上有**几十种字母体系**，其中大多数都包含20到30个字母，例如法语字母表就包含26个字母。

你可以在右侧看到西里尔字母表。

 N°8

А	И	С	Ъ
Б	Й	Т	Ы
В	К	У	Ь
Г	Л	Ф	Э
Д	М	Х	Ю
Е	Н	Ц	Я
Ё	О	Ч	
Ж	П	Ш	
З	Р	Щ	

还有一种可以触摸的字母。自三岁起便失明的**路易斯·布莱叶**发明了一套由立体凹凸的小点组成的字母表。这套字母便以他的名字命名，称作**布莱叶盲字法**（盲文），如今已成为盲人的通用文字。

 N°9

在文字发明以前，所有故事都需要记诵于心才能一代一代流传。也许你听说过《荷马史诗》，它记述了关于奥德修斯、阿喀琉斯等英雄的故事。

　　这些在希腊家喻户晓的故事从大约3 000年前就被游吟诗人传颂，但直到1 800年后它们才被文字记录下来。但还有多少故事、多少诗歌、多少历史被遗忘了呢？用文字的形式写下来是唯一一种能令它们流传千古的方法。

想想这要花费多少时间吧：所有的文章都为手写，被贮藏在图书馆或修道院中。诞生于距今2000多年以前的亚历山大图书馆，是世界上最古老的图书馆之一。人们第一次在一个地方聚集了世界上许多的知识。非常遗憾的是，这个图书馆最终毁于火灾，其中许多经历了数个世纪得以珍藏下来的图书就此永远消失了。

　　在距今500多年前，一个名叫**古登堡**的德国人发明了一种**印刷术**：他将字母制作在小金属块上，这样只需调整字母块的位置，再用油墨涂覆并按压纸张，即可进行同一内容的多次印刷。人们印刷文字的速度因此得到了空前提高。

现在，人们使用电脑排版、印刷，
印刷文字的速度更不可同日而语。

因为有了文字，不同的人们可以分享他们的知识，彼此相互学习，并且可以在各自的研究领域走得更快、更远。文字令人类取得无限进步成为可能。

但文字也不是上述这些可能实现的唯一条件。我们还需要借助数字、数学和科学。你会在接下来的第五册蒙台梭利科学启蒙书中了解关于它们的内容。

互动游戏1 （见第2~3页）

目的

让孩子明白不用语言只用动作交流的困难。

材料准备

- 纸（卡片）
- 笔

互动游戏步骤

1 在不同卡片上写下10个史前原始人可能会表达的行为，例如"一起去打猎吧""暴风雨来了，快躲躲""我想吃野牛"等。

2 将10张卡片字朝下、背面朝上，排列在您孩子的面前。

3 让您的孩子随机选择一张卡片。

4 让您的孩子根据卡片上的内容做出相应动作，您来猜。

5 再选择另一张卡片让您的孩子表演，只要孩子感兴趣，可以一直玩下去！

互动游戏2

 目的

让孩子明白不用语言只用图画交流的困难。

 材料准备

- 黑色卡纸
- 粉笔

互动游戏步骤

再次使用互动游戏1中的卡片，但这次让您的孩子用绘画的方式描述卡片上的内容。尽量使用深色纸和粉笔作画，这样可以令孩子的画作更类似岩画。

互动游戏 3 （见第6～7页）

 目的

让孩子了解苏美尔人是如何刻写楔形文字的。

材料准备

- 竹制筷子
- 一块黏土
- 裁纸刀
- 相框
- 厨用滚子或擀面杖

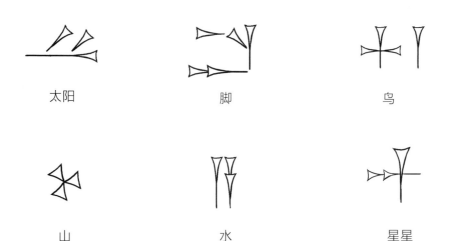

太阳	脚	鸟
山	水	星星

道具制作

选择一支底面为正方形或长方形的筷子，用裁纸刀从底面沿对角线纵向将筷子劈开，就得到了一支可以在黏土上书写楔形文字的苏美尔人的"芦苇笔"。

互动游戏步骤

❶ 让您的孩子制作一块厚度为1厘米的黏土板，可以借助擀面杖将其压到平整均匀。

❷ 让您的孩子像一个真正的苏美尔司书（文字誊写者）那样，席地盘腿而坐，一手拿黏土板，一手拿"芦苇笔"。

❸ 为他示范如何写出一个个小"钉子"：需要将"芦苇笔"倾斜印在黏土板上直至几乎与黏土板平行，三角形一面朝下，平面朝上。

书写时需要使用笔管从上至下轻轻用力按入黏土板，其间不能移动：我们用笔管倾斜至水平角度的程度来决定"钉子"的长短。

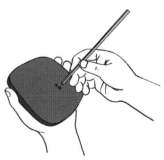

❹ 邀请您的孩子根据前页所提供的图例以此方法书写一个或若干"词汇"。

❺ 黏土板干透后，用砂纸对其打磨，之后您可以将其装框，为孩子留作纪念。

目的

让孩子了解《吉尔伽美什史诗》。

互动游戏步骤

为您的孩子朗读《吉尔伽美什史诗》概要。

若您的孩子对此故事感兴趣，您可以将完整版的《吉尔伽美什史诗》逐步读给他听。

吉尔伽美什史诗（概要）

很久很久以前，有一位残暴又可怕的国王叫吉尔伽美什。这个半人半神的国王拥有不可匹敌的力量。他实在太残暴了，众神都因此对他不满，他们决定惩罚他。众神创造了一个力量与吉尔伽美什相当的野人，他名叫恩奇都。

暴怒之下的吉尔伽美什向恩奇都发起挑战。他们的对决不分胜负，但出乎意料的是，在作战的过程中，两个原本是敌人的人成了朋友，并将他们的力量联合起来，一起奔赴新的冒险。

他们二人在雪松林联手战胜了巨人洪巴巴，之后回到故乡。家乡人民都视他们为英雄。

女神伊丝塔为吉尔伽美什的魅力所倾倒并希望嫁给他，但吉尔伽美什拒绝了她。受到伤害并且愤怒到疯狂的女神伊丝塔派出了一头"天之公牛"去杀死他。恩奇都赶来帮助吉尔伽美什战胜了公牛，众神因此决

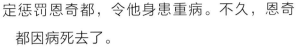

定惩罚恩奇都，令他身患重病。不久，恩奇都因病死去了。

挚友的死令吉尔伽美什开始寻找永生。他出发去寻访乌特纳比西丁——人们传言他有不死之身。在吉尔伽美什的寻访之途上，他经历了种种艰难险阻，战胜了许多怪兽，经历了一场又一场冒险，最后终于找到了乌特纳比西丁。

然而乌特纳比西丁却告诉吉尔伽美什，永生的秘密并不存在。他只给了这位英雄一朵返老还童之花作为奖赏。然而不知从何处突然出现的一条蛇却偷走了属于吉尔伽美什的这朵花……

吉尔伽美什终于明白了，永生的秘密是存在的，它既美又好：是记忆使人们永生。那些完成伟大壮举的人们将永远在后人的心中得到不朽的永生。

吉尔伽美什，这位人类历史上第一个史诗英雄，也因此变得不朽。多亏了有文字的存在，他被永远铭刻在了人类的记忆中。您在今天都可以读到他！

互动游戏 5

（见第14～15页）

目的

制作"莎草纸"。

材料准备

- 墙纸胶粉（用来贴墙纸的粉末状胶）
- 水
- 毛笔
- 冷咖啡
- 医用纱布
- 一块硬纸板/木板

互动游戏步骤

❶ 提醒您的孩子，"纸莎草"是一种植物，古埃及人用它来制造一种叫作"莎草纸"的纸。纸莎草的茎部被采下切裁后，在一片织物上以经纬交错的方式排列。压制之后在太阳下晒干，它就成了一页可以用于书写的"莎草纸"。

❷ 同您的孩子一起准备混合材料：在少量冷咖啡中加入墙纸胶粉（咖啡会给您的"莎草纸"成品带来做旧的棕褐色），一点一点地加入水，直至混合液黏稠度适中。注意避免结块。

❸ 让您的孩子将一块医用纱布平铺在准备好的硬纸板/木板上。

❹ 让孩子用毛笔将刚刚准备的混合液体仔细地涂在医用纱布上，使纱布平整地贴合在硬纸板/木板上。注意去除气泡，避免折叠。

❺ 为了获得一张更为坚韧的"莎草纸"，您可以在第一层纱布彻底干透后再覆盖第二层纱布上去，以同样方法涂以混合液。

❻ 等待作品彻底干燥，之后从硬纸板/木板上将"莎草纸"小心揭下。

❼ 您的孩子可以在自己制作的"莎草纸"上绘制埃及象形文字啦（见互动游戏6）。

互动游戏6　（见第16~17页）

目的

书写古埃及象形文字。

材料准备

- 一张纸
- 铅笔、记号笔或颜料
- 互动游戏5中您与您的孩子共同制作出的"莎草纸"

互动游戏步骤

❶ 给您的孩子展示下一页中的古埃及象形文字符号。

❷ 让您的孩子选取其中的一个或几个，照样子将它们画出来。你们可以对比互动游戏3中所写的楔形文字，看看两种文字对同一个意思的不同呈现。

❸ 您可以延伸互动游戏5，让孩子将选中的一个或几个古埃及象形文字符号写在之前自己制作的"莎草纸"上。

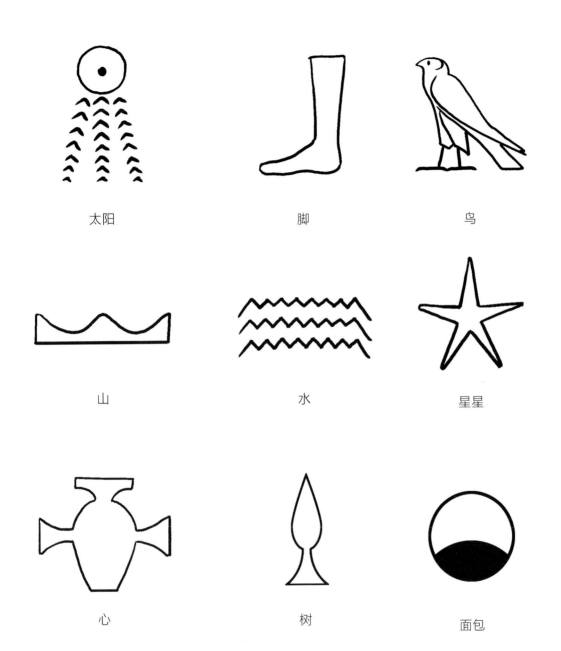

太阳　　　　　　脚　　　　　　鸟

山　　　　　　水　　　　　　星星

心　　　　　　树　　　　　　面包

（见第20～21页）

目的

写出一个中国文字，尝试一下中文书法。

材料准备

- 一张纸
- 一支毛笔
- 中国墨汁（小心弄脏！）

树 / 木

互动游戏步骤

在纸上用铅笔画出米字格；同孩子一起观察中文"木"字；让孩子用毛笔书写，先写从左向右的一横，之后写中央的一竖（从上到下），然后写一撇（从右上到左下），最后写一捺（在末端稍稍顿笔，以加强笔画厚度）。

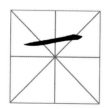

目的

让孩子用古希腊字母和西里尔字母写出自己的名字。

 材料准备

- 古希腊字母表及西里尔字母表（见下页）
- 纸
- 笔

互动游戏步骤

❶ 同您的孩子一起对比古希腊字母与西里尔字母的异同。

❷ 让您的孩子根据读音用古希腊字母写出自己的名字，例如，Léa写作ΛΕΑ，Théo写作ΤΕΩ，Louis写作ΛΥΙ。

❸ 让您的孩子根据读音用西里尔字母写出自己的名字，例如 Léa写作ЛЕА，Théo写作ТЕО，Louis写作ЛУИ。

古希腊字母	西里尔字母	发音	古希腊字母	西里尔字母	发音
Λ—Б	А Б	a	Σ Т ф	С Т	s
Γ Δ —Ε	В Г Д Е Ж	b v g d	Х Ψ	У ф Х	t ou f k
Ζ Η θ Ι	З И Й К	e gz ê t	Ω	Ч Ш	ps tch ch
Κ Λ Μ	Λ М Н	i y k l		Э Ю	é yu
N О П Р	О П Р	m n o p r		Я	o ya

（见第34~35页）

目的

让孩子用布莱叶文（盲文）写一段话。

材料准备

- 硬卡纸（以便不会被针锥轻易刺破）
- 带手柄的小针锥
- 一份布莱叶字母表
- 一个盲文写字板

互动游戏步骤

❶ 同您的孩子一起观察布莱叶字母表，向您的孩子解释这些字母是立体的，需要用手指读出。

❷ 让您的孩子打开盲文写字板，将尺寸裁切合适的硬卡纸固定在盲文写字板中，之后就可以开始书写盲文（戳点）了。

3 给您的孩子示范如何用针锥戳出盲文字母并组成词汇。注意这些词的书写顺序是从右往左，并且需要镜像书写，这样在我们将纸翻转过来用手指阅读时，字母和词才能正确。

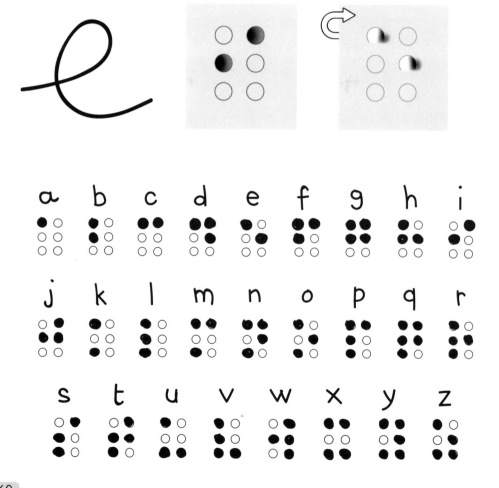